MathStart®
洛克数学启蒙 ④

柠檬汁特卖

[美]斯图尔特·J.墨菲 文　　[美]特里西娅·图萨 图　　静博 译

海峡出版发行集团｜福建少年儿童出版社
THE STRAITS PUBLISHING & DISTRIBUTING GROUP｜FUJIAN CHILDREN PUBLISHING HOUSE

条形统计图

感谢哈丽雅特·巴顿的支持和帮助，这是最重要的一点。

——斯图尔特·J.墨菲

为我的数学老师玛格丽特·马尔瓦尼的美好回忆干杯，她曾经
勇敢地穿着荧光绿色的紧身衣和红色异形鞋出现在我们面前。

——特里西娅·图萨

LEMONADE FOR SALE

Text Copyright © 1998 by Stuart J. Murphy

Illustration Copyright © 1998 by Tricia Tusa

Published by arrangement with HarperCollins Children's Books, a division of HarperCollins Publishers through Bardon-Chinese Media Agency

Simplified Chinese translation copyright © 2023 by Look Book (Beijing) Cultural Development Co., Ltd.

ALL RIGHTS RESERVED

著作权合同登记号：图字 13-2023-038号

图书在版编目（CIP）数据

洛克数学启蒙. 4. 柠檬汁特卖 / (美) 斯图尔特·
J.墨菲文；(美) 特里西娅·图萨图；静博译. -- 福州：
福建少年儿童出版社, 2023.9
　　ISBN 978-7-5395-8244-3

　　Ⅰ.①洛… Ⅱ.①斯…②特…③静… Ⅲ.①数学 -
儿童读物 Ⅳ.①O1-49

　　中国国家版本馆CIP数据核字(2023)第074397号

LUOKE SHUXUE QIMENG 4 · NINGMENGZHI TEMAI
洛克数学启蒙4·柠檬汁特卖

著　　者：[美]斯图尔特·J.墨菲　文　[美]特里西娅·图萨　图　静博　译
出　版　人：陈远　出版发行：福建少年儿童出版社　http://www.fjcp.com　e-mail:fcph@fjcp.com　社址：福州市东水路 76 号 17 层（邮编：350001）
选题策划：洛克博克　责任编辑：邓涛　助理编辑：陈若芸　特约编辑：刘丹亭　美术设计：翠翠　电话：010-53606116（发行部）　印刷：北京利丰雅高长城印刷有限公司
开　　本：889 毫米 ×1092 毫米　1/16　印张：2.5　版次：2023 年 9 月第 1 版　印次：2023 年 9 月第 1 次印刷　ISBN 978-7-5395-8244-3　定价：24.80 元

谢莉

丹尼

马修

俱乐部

4

榆树街儿童俱乐部的成员们感到很沮丧。

"我们的俱乐部小屋快塌掉了，而我们的存钱罐也空了。"梅格说。

"我知道怎么能挣到钱。"马修说，"我们去卖柠檬汁吧。"

5

丹尼说："我觉得，如果我们连续一周每天卖出 30 到 40 杯柠檬汁，就可以凑够维修俱乐部的钱了。让我们把销售情况记录下来。"

谢莉说："我可以做一张条形统计图。就像这样，把卖出的杯数列在表格左边，再在表格底部标出星期几。"

星期一，他们在街角摆好了卖柠檬汁的摊位。

只要有人从摊位前经过，梅格的宠物鹦鹉皮蒂就会尖叫起来："卖柠檬汁了！卖柠檬汁了！"

柠檬汁15元1杯

马修挤压柠檬。

梅格负责加糖，搅拌。

丹尼再往里面加些冰块，摇一摇，就可以把柠檬汁倒进杯子里。

谢莉则负责记录销售数量。

9

谢莉大声宣布："今天我们已经卖出30杯了。我会把'星期一'对应的长条涂到与数字30相对应的位置。"

"不错。"丹尼说。
"不错，不错。"皮蒂也跟着说。

星期五

到了星期二，皮蒂又开始呱呱大叫："卖柠檬汁了！卖柠檬汁了！"越来越多的人围了过来。

马修挤了更多的柠檬。

梅格放了更多的糖。

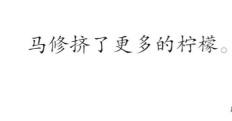

丹尼往里面加上冰块，摇晃一下，
倒出更多杯柠檬汁。

谢莉继续记录他们
卖出了多少杯柠檬汁。

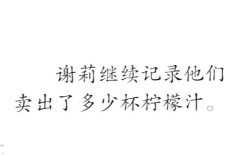

谢莉大声喊道："今天我们卖出了40杯。我要把'星期二'对应的长条涂到与数字40相对应的位置。

"这些长条说明我们的销量在增长。"

"看样子一切进展得很顺利啊。"梅格说。

"很顺利，很顺利。"皮蒂跟着说。

15

星期三，皮蒂又开始不停地呱呱大叫："卖柠檬汁了！"叫声引得越来越多的邻居围了过来。

马修挤了比前两天更多的柠檬。

梅格加了更多的糖。

丹尼往里面加上冰块，摇晃一下，
倒出了比前两天更多的柠檬汁。

谢莉继续记录他们卖出了多少杯柠檬汁。

谢莉开心地宣布："今天我们卖出了56杯。我要把'星期三'对应的长条涂到与数字50和60中间偏上一点相对应的位置。"

"太棒了！"马修喊道。

"太棒了！太棒了！"皮蒂跟着称赞道。

到了星期四，他们继续摆摊卖柠檬汁，可是情况似乎出现了变化。
无论皮蒂如何卖力地大叫"卖柠檬汁了"，都没有人过来看一下。

马修只挤了几个柠檬。

梅格只放了几勺糖。

丹尼的冰块在等候顾客的时候就化了。

谢莉把少得可怜的销售数量记录了下来。

谢莉说："今天我们只卖出了 24 杯。'星期四'对应的长条比其他几天的短了很多。"

22

"我们的俱乐部小屋维修计划也泡汤了。"丹尼伤心地说。
皮蒂一声不响。

"我知道问题出在哪儿了。"马修说。

"看那边！"他指着街对面说，"有人在大街那头表演杂耍，把大家都吸引到那边去了。"

"我们一起去看看吧。"梅格说。

丹尼问表演杂耍的人："你叫什么名字？"
"我叫杰德。"他说，"我刚刚搬到这里。"

谢莉想到了一个主意。
她对杰德说了几句悄悄话。

27

到了星期五，谢莉和杰德是一起来的。

"杰德会在我们的摊位旁边表演杂耍。"谢莉说。

那一天，皮蒂呱呱大叫，杰德表演杂耍，吸引了更多的人前来观看，比之前来的人还多。

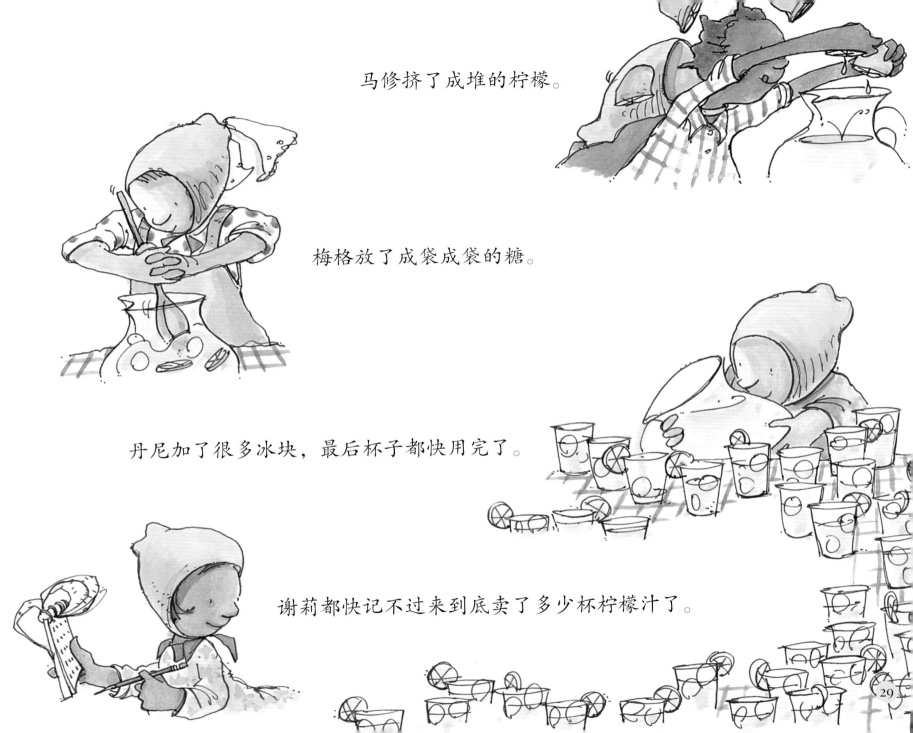

马修挤了成堆的柠檬。

梅格放了成袋成袋的糖。

丹尼加了很多冰块，最后杯子都快用完了。

谢莉都快记不过来到底卖了多少杯柠檬汁了。

29

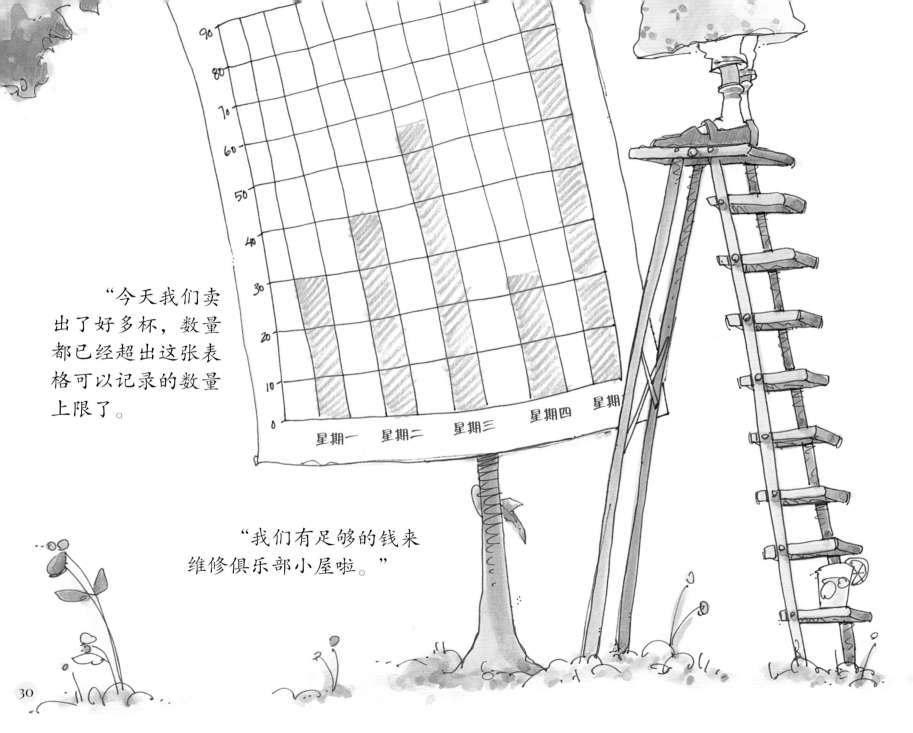

"今天我们卖出了好多杯，数量都已经超出这张表格可以记录的数量上限了。

"我们有足够的钱来维修俱乐部小屋啦。"

星期一　　星期二　　星期三　　星期四　　星期

90
80
70
60
50
40
30
20
10
0

"太棒了！"大家欢呼起来，"杰德！杰德！你要不要加入我们的俱乐部？"
"当然啦！"杰德说。
"当然啦，当然啦！"皮蒂尖叫道。

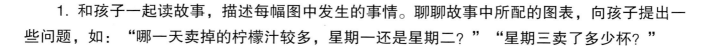

写给家长和孩子

对于《柠檬汁特卖》所呈现的数学概念，如果你们想从中获得更多乐趣，有以下几条建议：

1. 和孩子一起读故事，描述每幅图中发生的事情。聊聊故事中所配的图表，向孩子提出一些问题，如："哪一天卖掉的柠檬汁较多，星期一还是星期二？""星期三卖了多少杯？"

2. 聊聊孩子可能见过的不同类型的条形统计图，有的是一个长条紧挨着一个长条（如图A），有的是用不同的图形来表示不同项目的数量（如图B），这两种统计图经常能在学校的课本中见到。

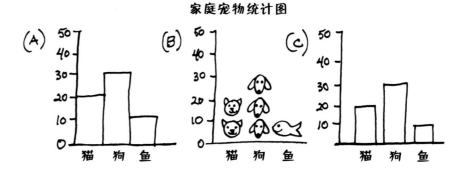

家庭宠物统计图

还有一种统计图的长条之间存在间隙（如图C），这种统计图经常出现在杂志、报纸和书籍中。找出你们能找到的条形统计图的实例，并与孩子讨论它们的含义。

3. 将生活中见到的事物记录在图表上，例如：公园里玩耍的孩子，路过家门口的狗，停在街上的汽车，等等。连续一周将观察对象每天出现的数量记录下来，看看到底是星期一还是星期六去公园玩的孩子更多，星期二早晨街上停了多少辆车，星期天早晨又停了多少辆，每天街上的汽车数量对比前一天是增加还是减少。

如果你想将本书中的数学概念扩展到孩子的日常生活中，可以参考以下这些游戏活动：

1. 卖柠檬汁：和几个朋友一起摆摊卖柠檬汁，并创建图表来记录销售情况。看看哪一天卖得最多，哪一天卖得最少，把每天的销售额情况标示出来。

2. 家庭通讯记录：制作图表，记录每个家庭成员每天接到多少个电话或每天收到多少封邮件。谁接到的电话最多，他接到最多电话的是哪一天？你哪一天收到的邮件最多，哪一天收到的邮件最少？

3. 读书记录：连续一个月记录你每周读了多少本书。看看这一数量是增加、减少还是保持不变。讨论一下为什么在一段时间内数量会发生变化。

洛克数学启蒙

1

《虫虫大游行》	比较
《超人麦迪》	比较轻重
《一双袜子》	配对
《马戏团里的形状》	认识形状
《虫虫爱跳舞》	方位
《宇宙无敌舰长》	立体图形
《手套不见了》	奇数和偶数
《跳跃的蜥蜴》	按群计数
《车上的动物们》	加法
《怪兽音乐椅》	减法

2

《小小消防员》	分类
《1、2、3，茄子》	数字排序
《酷炫100天》	认识1~100
《嘀嘀，小汽车来了》	认识规律
《最棒的假期》	收集数据
《时间到了》	认识时间
《大了还是小了》	数字比较
《会数数的奥马利》	计数
《全部加一倍》	倍数
《狂欢购物节》	巧算加法

3

《人人都有蓝莓派》	加法进位
《鲨鱼游泳训练营》	两位数减法
《跳跳猴的游行》	按群计数
《袋鼠专属任务》	乘法算式
《给我分一半》	认识对半平分
《开心嘉年华》	除法
《地球日，万岁》	位值
《起床出发了》	认识时间线
《打喷嚏的马》	预测
《谁猜得对》	估算

4

《我的比较好》	面积
《小胡椒大事记》	认识日历
《柠檬汁特卖》	条形统计图
《圣代冰激凌》	排列组合
《波莉的笔友》	公制单位
《自行车环行赛》	周长
《也许是开心果》	概率
《比零还少》	负数
《灰熊日报》	百分比
《比赛时间到》	时间